PROJET

D'UN

CHEMIN DE FER MÉTROPOLITAIN

PARISIEN

PAR

LARPENT

ANCIEN DIRECTEUR DE CHEMIN DE FER

ISSOUDUN

A. GAIGNAULT, IMPRIMEUR-ÉDITEUR

16, rue Marmouse, 16

1887

PROJET

D'UN

CHEMIN DE FER MÉTROPOLITAIN

PARISIEN

PAR

LARPENT

ANCIEN DIRECTEUR DE CHEMIN DE FER

ISSOUDUN

A. GAIGNAULT, IMPRIMEUR-ÉDITEUR

16, rue Marmouse, 16

1887

PROJET

D'UN

CHEMIN DE FER MÉTROPOLITAIN PARISIEN

EXPOSÉ

L'importance exagérée qu'on attache au chemin de fer métropolitain doit être la cause qui a empêché, depuis plus de vingt cinq-ans, les divers projets d'aboutir.

Le but à atteindre devrait être seulement de faire communiquer, par chemin de fer, les habitants de Paris et ceux de la banlieue. Mais, au lieu de considérer seulement les intérêts municipaux, déjà assez difficiles à satisfaire, on a compliqué la question en greffant sur la donnée fondamentale des préoccupations d'intérêt général. La solution du problème est ainsi devenue presque introuvable.

Le chemin de fer métropolitain est par définition d'intérêt parisien. Il doit être un moyen économique de transporter les habitants de Paris. Nous essaierons, dans cet exposé, de démontrer qu'un pareil chemin de fer peut être avantageux aux Parisiens, mais qu'il ne peut satisfaire à la fois aux intérêts de Paris et à ceux de la province. Les députés ont sans doute entrevu cette impossibilité, quand ils ont repoussé le dernier projet qui était conçu en vue de l'intérêt national.

Les auteurs des projets de chemin de fer dans Paris ont voulu faire trop grand, sous le rapport du capital et des travaux. Ils ne se sont pas assez préoccupés des difficultés de l'exploitation, au point de vue économique et technique. Ces difficultés peuvent être si considérables que la circulation soit impossible, par suite de l'encombrement ou de l'obstruction des voies par les trains. Les trains du métropolitain pouvant circuler à une vitesse de vingt kilomètres environ par heure, fourniront aux Parisiens une économie de temps; mais ce réel avantage ne pourra être obtenu que si les trains des grandes lignes ne circulent pas sur le métropolitain.

Les voyageurs des grandes lignes qui ont des bagages avec eux, devront toujours prendre une voiture d'un prix uniforme, pour aller à une station ou pour en revenir, quelle que soit la distance de leur domicile. La gare d'arrivée, plus ou moins centrale, n'offre donc pas une économie d'argent. Voyons s'il y a économie de temps.

S'il y avait sur le métropolitain des gares communes pour les trains des grandes lignes, les anciennes gares d'arrivée deviendraient des gares de rebroussement, et les voyageurs devraient prendre leurs billets, et faire enregistrer leurs bagages pour l'une de ces gares inconnues des provinciaux et des étrangers. A l'arrivée d'un train à la gare de rebroussement, les bagages seront déchargés et distribués aux voyageurs descendus à cette gare, comme à l'ordinaire. Ensuite le train rebroussera chemin pour prendre la voie aérienne ou souterraine, et s'arrêtera successivement aux gares de distribution des bagages du métropolitain. Or, ces gares seront situées au-dessus et au-dessous des rues, à une hauteur qui exigera l'emploi de machines pour monter ou descendre les bagages. En supposant que ces machines fonctionnent mieux que celles du nouvel hôtel des postes, il y aura toujours une perte de temps pour les voyageurs descendus aux gares du métropolitain.

Les marchandises à grande vitesse, qu'on appelle aussi messageries, donneront lieu à une plus grande perte de temps, et à une plus grande dépense de manipulation que les bagages. On sait que les messageries portent le nom et l'adresse du destinataire ; à l'arrivée d'un train, on classe promptement, et une fois pour toutes, les colis dans les fourgons de chaque circonscription, pour les conduire à leur adresse. Avec les gares d'arrêt du métropolitain, les pertes de temps seraient considérables. En effet, il faudrait d'abord répartir les colis entre chaque gare en arrivant à la gare de rebroussement, et ensuite faire le classement par circonscription autant de fois qu'il y aurait de gares métropolitaines, après les avoir amenés au niveau du sol par les machines. Le métropolitain ne satisferait donc pas aux intérêts généraux qu'on a en vue, puisqu'il aurait pour effet de rendre le service des bagages et des messageries plus lent et plus dispendieux.

En supposant que les trains des grandes lignes circuleront sur les voies du métropolitain, l'indépendance de chaque ligne s'opposera à l'unité de direction nécessaire pour régulariser le service. L'encombrement et l'obstruction seraient inévitables, à cause du grand nombre de trains qui arrivent dans les gares de Paris aux mêmes heures, et qui prendraient la direction des gares centrales de plusieurs côtés à la fois. Si les trains métropolitains arrivent dans les grandes gares, pour le service des bagages et des messageries, il y aura encore du désordre et de l'encombrement, car les heures d'arrivée des trains du métropolitain pourront coïncider avec celles des trains de province; l'entrée des grandes gares serait alors souvent fermée aux trains qui s'arrêteraient les uns derrière les autres. Dans tous les cas, il y aurait un supplément de parcours inutile, et une perte de temps.

Du reste, le chemin de fer de ceinture s'embranche nécessairement sur les grandes lignes, aux gares de marchandises à petite vitesse, pour l'échange des wagons, mais on a raison de ne pas faire arrêter les trains de voyageurs des grandes lignes aux gares de ceinture. Il n'y a que les trains de banlieue qui s'y arrêtent sans grande nécessité, pour les besoins d'un petit nombre de voyageurs. Il n'y a pas de raison pour que les trains des voyageurs de province s'arrêtent au delà plutôt qu'en deça des grandes gares d'arrivée. Sur les plans de Londres on ne voit pas que le chemin de fer métropolitain s'embranche sur d'autres lignes, mais on constate qu'il passe à proximité des grandes gares.

En résumé, le métropolitain doit être indépendant des services des grandes lignes qui sont distincts les uns des autres, et les trains des grandes lignes ne doivent pas plus circuler sur les voies du métropolitain que les trains du métropolitain ne doivent circuler sur les voies des grandes lignes. D'autre part, si le réseau métropolitain ne doit pas se raccorder avec le réseau national, il doit se rapprocher le plus possible des grandes gares, afin que les voyageurs dont les bagages sont légers puissent s'y rendre économiquement. Dans tous les cas, les trains du métropolitain devant être plus fréquents que ceux des grandes lignes, les voyageurs attendront toujours plus longtemps aux grandes gares, pour le départ des trains de province, que pour le passage des trains métropolitains.

Le caractère distinctif des chemins de fer est d'effectuer économiquement les transports avec une vitesse plus grande que celle des animaux ; mais la sécurité publique empêche d'exploiter, dans les rues, les voies ferrées au niveau du sol, avec les locomotives ordinaires. Il faut de toute nécessité placer des rails au-dessus du sol sur des viaducs, ou en sous-sol dans des souterrains. En dehors des villes, l'emploi des viaducs ou des souterrains est indiqué par les ondulations du terrain ; dans les villes on a le choix entre les deux moyens qui ont chacun leurs inconvénients. On reproche aux viaducs dans les rues de gêner la circulation par leurs supports, et de nuire au coup d'œil par leurs plate-formes. Il est possible d'atténuer ces inconvénients en plaçant les colonnes dans l'alignement des candélabres d'éclairage, et en ajourant convenablement la plate-forme.

Les souterrains ont des inconvénients bien plus difficiles à éviter qui compromettent l'hygiène et la sécurité des voyageurs : les gaz d'éclairage et ceux qui sortent de la cheminée des machines nuisent à la respiration ; la rupture des égouts et des conduites d'eau peut produire des inondations ; la différence de température entre l'extérieur et l'intérieur des souterrains est aussi un danger pour la santé. Ces inconvénients ont été si souvent signalés qu'il est bien superflu de les rappeler. Mais il y a des inconvénients spéciaux et permanents qu'il importe de faire connaître, pour justifier les avantages des viaducs sur les souterrains. Dans les souterrains, l'entretien de la voie est très difficile et, par suite, beaucoup plus dispendieux qu'à ciel ouvert. Les ouvriers employés à réparer les voies ne peuvent pas toujours se garer des trains. Les signaux sont moins apparents, et les dangers d'accidents plus grands. Enfin, la nécessité de l'éclairage pendant le jour est une cause de dépenses supplémentaires. Le désagrément des souterrains est de nature à diminuer le nombre des voyageurs et, par suite, le chiffre des recettes.

Parmi les ingénieurs qui, comme nous, sont opposés au système des souterrains, plusieurs proposent d'établir le viaduc en dehors des principales rues et au travers des propriétés bâties. Un tel projet entraînerait des dépenses d'expropriation improductives, ou sans proportion avec les besoins de la population. Ces énormes dépenses seraient, en outre, bien inutiles, puisque les inconvénients du viaduc subsisteraient dans les nouvelles rues percées comme dans les anciennes. Il aurait aussi le tort de déranger le courant de la circulation vers les centres populeux de l'intérieur et de l'extérieur de Paris.

L'établissement des voies sur viaduc dans les rues est, de tous les projets, le plus économique et le plus raisonnable. Les expropriations sont exceptionnelles. Le nombre des ouvriers employés à la réparation des voies peut être réduit, et les dépenses correspondantes peuvent être diminuées.

Les voyages aériens sont si agréables que les impériales des omnibus et des voitures de chemins de fer de banlieue, sont souvent préférées par la majorité des voyageurs. Le viaduc donnerait une grande satisfaction au public.

Le viaduc et les voies métalliques pourraient être composés de colonnes en fonte, à l'alignement des candélabres d'éclairage. Ces colonnes, aussi espacées que possible, supporteraient des poutrelles réunies par des traverses, sur lesquelles on fixerait des rails à patins. La plateforme et les trottoirs largement ajourés donneraient passage à l'air, à la lumière et à la pluie. Ces trottoirs devraient être disposés de manière à servir de contre-rails afin d'empêcher les déraillements.

Dans les rues assez larges, on atteindrait les quais d'embarquement à l'aide d'escaliers placés dans l'alignement des différents kiosques, de manière à ne pas gêner davantage la circulation. Dans les rues trop étroites les escaliers pourraient être établis dans les maisons en façade. Au besoin ces rues seraient élargies. Les quais d'embarquement seraient couverts pour abriter les voyageurs pendant l'attente des trains.

Nous n'avons pas la prétention de donner un projet détaillé du chemin de fer métropolitain, avec plans et devis à l'appui. Nous désirons seulement appeler l'attention et la critique sur des idées qui nous sont suggérées par une longue expérience de la construction et de l'exploitation des chemins de fer.

Les différentes parties d'un chemin de fer sont assez connues pour qu'on puisse évaluer approximativement la dépense de celui que nous proposons à 1.800.000 francs par kilomètre, y compris les frais du matériel roulant. La longueur du métropolitain décrit ci-dessous et tracé sur un plan de Paris est d'environ 75 kilomètres.

TRACÉ

Afin de donner convenablement satisfaction aux besoins de la circulation dans Paris et dans la banlieue, le réseau du chemin de fer métropolitain serait formé d'une ligne circulaire ou en courbe fermée, dans la partie la plus fréquentée de Paris, et de quatre lignes transversales passant entre les grandes lignes de chemins de fer, et aboutissant à des localités importantes de la banlieue. Les quatre lignes réunies deux à deux dans Paris formeraient deux voies principales dans le sens des points cardinaux ; ces deux lignes se croiseraient à angle droit en passant l'une au-dessus de l'autre, et traverseraient ainsi de la même manière la ligne circulaire. De cette façon la circulation s'effecturait dans l'intérieur et à l'extérieur de Paris, en changeant de ligne aux points d'intersection à l'aide de correspondances, comme on fait pour les omnibus.

Conformément à ces indications, la ligne circulaire suit les anciens boulevards, depuis la Bastille jusqu'à la rue de Sèze qu'elle parcourt, pour prendre les boulevards Malesherbes, Haussmann et Friedland, la place de l'Etoile et l'avenue Marceau, le pont de l'Alma, l'avenue Bosquet, la rue Saint-Dominique, le boulevard Saint-Germain, le pont de Sully et le boulevard Henri IV. Si le boulevard Haussmann était terminé la ligne circulaire pourrait le suivre à partir de la rue Drouot jusqu'à la rue de Rome qu'elle parcourrait, ainsi que la rue de la Pépinière, pour reprendre le boulevard Haussmann à la place Saint-Augustin. Cette modification du réseau aurait l'avantage de rapprocher le métropolitain de la gare Saint-Lazare.

La première ligne transversale en regardant vers le nord va de Saint-Denis à Clamart, en passant par les boulevards Ornano, Barbès, Magenta, de Strasbourg, Sébastopol, du Palais et Saint-Michel, les rues Racine, de Vaugirard, de Vanves ou d'Issy. Cette ligne pourrait aussi passer par le Luxembourg, ou la rue Auguste Comte, la rue Vavin, le boulevard Montparnasse, et reprendre la rue de Vaugirard, afin de se rapprocher de la gare Montparnasse.

La deuxième ligne, en se tournant vers l'est, commencerait près de Pantin et se dirigerait vers Sceaux, en passant par les rues de Flandre et du faubourg Saint-Martin. Elle se réunirait à la première ligne, à l'intersection des boulevards de Magenta et de Strasbourg, et s'en détacherait à la hauteur de la rue Racine pour suivre le boulevard Saint-Michel, la rue Denfert-Rochereau, et l'avenue d'Orléans.

La troisième ligne viendrait de Vincennes, et irait à Boulogne et à Saint-Cloud, en passant par l'avenue de Saint-Mandé, la place de la Nation, les rues du faubourg Saint-Antoine, de Rivoli, des Halles, de Saint-Honoré, du faubourg Saint-Honoré, où elle se confondrait avec la ligne circulaire de la rive droite jusqu'à la place de l'Etoile. Elle passerait ensuite par l'avenue du Bois-de-Boulogne, le Bois-de-Boulogne, Boulogne et Saint-Cloud. Cette ligne pourrait aussi se confondre avec la ligne circulaire de la rive gauche, depuis la Bastille jusqu'à la place de l'Etoile, en supprimant le passage par la rue Saint-Honoré.

La quatrième ligne partirait des environs de Choisy, et se dirigerait vers Levallois-Perret, en passant par l'avenue de Choisy, la place d'Italie, le boulevard de l'Hôpital, le pont d'Austerlitz, l'avenue Ledru-Rollin, la rue de Lyon, la Bastille où elle emprunterait la voie de l ligne circulaire de la rive droite jusqu'à la place Saint Augustin, et suivrait ensuite le boulevard Malesherbes e l'avenue de Villiers pour arriver à Levallois. Pour que l ligne se rapprochât davantage de la gare de Lyon, il fau drait construire un pont sur la Seine en amont de celu d'Austerlitz.

On voit que les lignes du réseau métropolitain passe raient à proximité de toutes les grandes gares, afin d faciliter leur accès aux habitants de Paris et de la banlieu

MATÉRIEL ROULANT

Il y aurait deux sortes de locomotives suivant notre typ de machines en usage sur les chemins de banlieue depui 1856. L'un de ces types serait à quatre roues accouplée du poids d'une quinzaine de tonnes, en y comprenant le approvisionnements d'eau et de combustible. Ces locomo tives serviraient pour les lignes peu accidentées. L'autr modèle destiné au service des lignes inclinées jusqu' 25 millimètres par mètre aurait six roues accouplées d poids de vingt tonnes environ.

Il n'y aurait qu'un seule modèle de voitures à deu étages, également confortables, ayant de larges ouverture pourvues de châssis vitrés et garnies de rideaux. La voi ture, bien éclairée, aérée et chauffée l'hiver, contiendrai 72 places séparées, dont 40 en bas et 32 en haut. L premier étage serait divisé en quatre compartiments tran versaux de dix places chacun, avec des portières latérale comme dans les autres voitures de chemin de fer. Le cloisons de séparation dans les compartiments ne s'élèveraient pas au-dessus des dossiers de banquette, afin qu'une bonne aération soit assurée, et que les voyageurs puissent exercer une facile surveillance les uns sur les autres. Le second étage couvert aurait un couloir longitudinal fermé aux extrémités par des portes ; ce couloir aboutirait à deux escaliers, dans le genre de ceux que nous avons établis en 1854 sur les voitures des trains de banlieue de l'ancienne Compagnie de l'Ouest. Chaque compartiment transversal serait ainsi divisé par le passage longitudinal en deux parties, de manière à en former huit de quatre places chacun. Comme dans l'étage inférieur, les cloisons de séparation des compartiments ne dépasseraient pas la hauteur des dossiers des banquettes. Les locomotives et les voitures auraient des freins à air ou à vapeur pour la sécurité et l'accélération du service.

EXPLOITATION

Pendant longtemps, les trains ne se composeront probablement que d'un petit nombre de voitures, mais ils devront être assez fréquents et se succéder à cinq, dix ou quinze minutes d'intervalle, suivant l'affluence des voyageurs sur chaque ligne. Le service de chaque train pourra être fait convenablement par deux agents : un mécanicien et un conducteur de train receveur. Les stations devront être assez rapprochées ; cependant la distance entre les stations ne devrait pas être inférieure à 500 mètres, afin qu'on puisse marcher à la vitesse de 20 kilomètres à l'heure, en s'arrêtant aussi souvent.

Un nouveau mécanisme de signaux permettra d'abord de bloquer la voie entre deux stations A et B, pendant le passage d'un train, et d'annoncer en même temps à la station B le départ du train de la station A. Le même système débloquera ensuite la voie, en annonçant en même temps à la station A le départ du train de la station B Ce sera un block-système mécanique simplifié.

De même qu'il n'y aura qu'un seul type de voitures, il n'y aura aussi qu'une seule classe de voyageurs, et le prix des places sera le même pour les deux étages du wagon. Le réseau métropolitain serait divisé en trois sections dont chacune aurait les fortifications pour limites, de telle sorte qu'un contrôle puisse être fait pendant la visite des employés de l'octroi. Le prix des places serait le même pour chaque section ; il pourrait être fixé à 20 centimes. Ainsi on paierait 20 centimes par voyage dans l'intérieur de Paris, 40 centimes de l'intérieur de Paris à l'extérieur, et 60 centimes de l'extérieur de Paris à un point quelconque en dehors de Paris, du côté opposé. La correspondance se paierait à part 10 centimes. Les gros paquets des voyageurs pourraient être taxés comme les voyageurs, suivant les places occupées par ces paquets.

La perception et le contrôle des recettes pourraient se faire très économiquement au moyen de séries de jetons métalliques pouvant servir indéfiniment. Avec des places à un aussi bas prix et un aussi grand nombre de voyageurs, les billets ordinaires en carton donneraient lieu à une trop grande dépense. Deux formes de jetons seraient usitées, les uns comme reçus pour le prix des places, et les autres comme correspondances. Chaque conducteur recevrait journellement en prenant le service une série de jetons convenablement numérotés qu'il donnerait aux voyageurs contre le paiement de leurs places et correspondances. Ces jetons seraient retirés aux stations pour servir au contrôle des recettes, et pour dresser la statistique des voyageurs.

LARPENT,

Ancien Directeur de Chemin de Fer.

Issoudun. — Typ. A. Gaignault.

www.ingramcontent.com/pod-product-compliance
Lightning Source LLC
LaVergne TN
LVHW052042160826
845678LV00003B/1489